Armin Täubner

Im weißen Winterwald

Fenster- und Wandbilder aus Tonkarton

frechverlag

Von dem bekannten Autor Armin Täubner sind im frechverlag zahlreiche weitere Bücher erschienen. Hier eine Auswahl:

TOPP 1846

TOPP 1979

TOPP 1981

TOPP 1983

TOPP 1976

TOPP 2044

Fotos: frechverlag GmbH + Co. Druck KG, 70499 Stuttgart; Birgitt Gutermuth

Auflage: 5. 4. 3. 2. | Letzte Zahlen
Jahr: 2000 1999 98 97 96 | maßgebend

ISBN 3-7724-2113-X · Best.-Nr. 2113
Druck: frechverlag GmbH + Co. Druck KG, 70499 Stuttgart

Wenn ich an meine Kindheit zurückdenke, kann ich mich an wunderschöne Winter erinnern. Es hatte geschneit, und alles lag unter einer dicken, weißen Decke. Im Wald war es still. Man stapfte durch tiefen, unberührten Schnee und hinterließ seine Spuren. Wir Kinder beobachteten Tiere an der Futterkrippe und genossen das Spiel an der frischen Luft. Es gab keine Hektik und keine langen Schlangen vor den Skiliften. An einem flachen Hang fuhren wir Schlitten oder Ski. Und zu Weihnachten gab es natürlich Schnee.

Einen weißen, unberührten Winterwald findet man heute nur noch selten. Winterurlaub bedeutet oft Menschenmassen und Gedränge in Wintersportorten. Da geht der besondere Reiz der Winterlandschaft leicht verloren. In dem vorliegenden Buch habe ich versucht, deren eigentümlichen Zauber einzufangen. Wandern Sie mit mir durch einen verschneiten Winterwald, und erfüllen Sie sich mit einer Schere und weißem Tonkarton den Traum von einer weißen Weihnacht.

Der Landschaftsverlauf kann beliebig variiert und der Fenstergröße, der Breite und Höhe, angepaßt werden. Mit den Kindern, Schneemännern, Tieren, Bäumen, Zäunen, Schlitten und vielem mehr können Sie ganz unterschiedliche Winterszenen gestalten. Eine kleine Auswahl finden Sie in diesem Buch. Kombinieren Sie die Motive ganz nach Ihrem Geschmack, und lassen Sie Ihrer Phantasie freien Lauf …

Einen traumhaften Winter wünscht Ihnen

Ihr

Schritt-für-Schritt-Anleitung

1

2

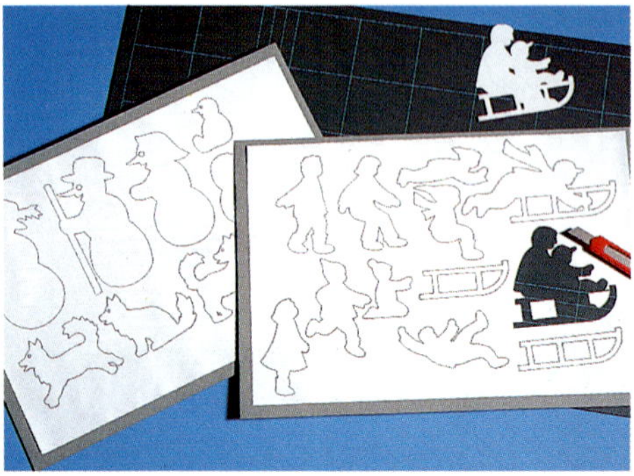

3

4

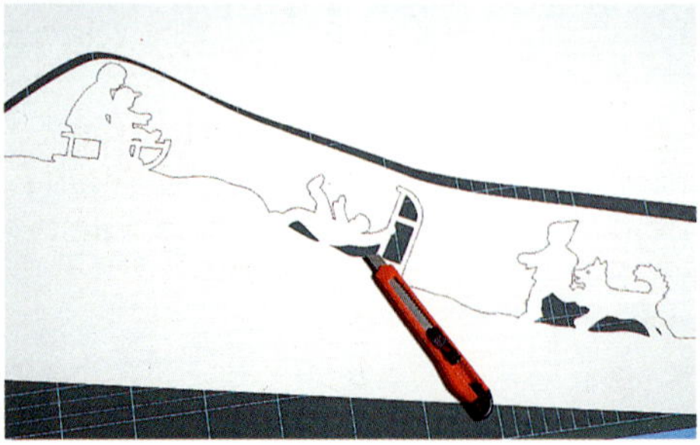

1. Die gewünschten Figuren werden entweder kopiert oder mit Bleistift auf Transparentpapier abgepaust.
Anschließend kleben Sie die Fotokopie oder das Transparentpapier auf einen dünnen Karton.

2. Schneiden Sie die Figuren mit einem Cutter bzw. einer Schere aus.
Dies sind Ihre Schablonen.

3. Mit Bleistift wird nun auf einem weißen Karton der Geländeverlauf festgelegt. Legen Sie die Schablonen in der gewünschten Position an die Bleistiftlinie.
Sollen die Figuren in die andere Richtung blicken, müssen Sie die Schablonen seitenverkehrt auflegen.

4. Zunächst wird der Geländeverlauf samt Figuren grob nachgeschnitten. Es folgen die kleinen Innenflächen, beispielsweise am Schlitten, bevor die gesamte Kontur der Landschaft exakt ausgeschnitten wird.

5. So sieht die fertige Winterlandschaft aus.

5

Piktogramme:

Kinder:
Anja
Antje
Evi
Frank
Hans
Jan
Klaus
Lena
Lisa
Martin
Nadja
Papa mit Daniel
Steffi
Susi
Tim

Weihnachtsmänner:
Weihnachtsmann A
Weihnachtsmann B
Weihnachtsmann C

Schneemänner:
Schneemann A
Schneemann B
Schneemann C
Schneefrau
Schneekind

Tiere:
Eichhörnchen
Hase A
Hase B
Hirsch
Hund A
Hund B
Hund C
Fuchs
Katze A
Katze B
Reh A
Reh B
Rentier

Häuser:
Haus A
Haus B

Zäune:
Gartenzaun
Gartentor
Lattenzaun

Bäume:
Tanne A
Tanne B
Tanne C
Tanne D
Tanne E
Tanne F

Himmel:
Himmel A
Himmel B

Sonstiges:
Futterkrippe
Heubüschel
Schlitten A
Schlitten B

Drinnen ist es warm

Haus A

Katze A
Eich-
hörnchen
Hase B

Tanne E

Steig ab und hilf ziehen!

Jan
Evi
Lena

Hund C

Tanne B

2 x
Schlitten A

An der Futterkrippe

Hirsch
Reh A
Hase
A, B
2 x
Eich-
hörnchen

Tanne A

Futterkrippe
Heubüschel

Bahn frei!

Frank
Evi

Schlitten
A

2 x
Tanne A
1 x
Tanne B

Komm schon runter!

Lisa
Antje

Katze A
Katze B

Tanne A

Gartentor
2 x Gartenzaun

Schlitten A

Hoffentlich ist nichts passiert!

Nadja
Martin
Papa
mit
Daniel

Hund A

Schlitten
A

Mühsam bahnt er sich seinen Weg

2 x Tanne A
2 x Tanne B
Tanne D
Tanne E
Tanne F

Weihnachtsmann
A

Ob mein Sack auch noch draufpaßt?

Ich werde dich gleich einspannen

Herzliche Begrüßung

Weihnachtsmann
B

Schneemann
B

Eichhörnchen
Reh B

2 x Tanne A
1 x Tanne B

Schlitten B

Himmel B

Im Rentierschlitten unterwegs

3 x Rentier

Weihnachts-
mann C

Himmel A

Wer ist zuerst unten?

Steffi
Susi

Hund A

Tanne A

Seid ihr auch brav gewesen?

(Abbildung Seite 19 unten)

Antje
Lisa

Weihnachts-
mann B

Tanne C

Katze B

Der Weihnachtsmann kommt

Wer den Schaden hat …

Susi
Klaus

Hund B

Und noch ein Schneemann …

Hans

Schneemann
B und C

2 x Tanne A
1 x Tanne B

Himmel A

Gestürzt

Steffi
Klaus

Tanne A
Tanne B

Das Forsthaus

Haus B

Lattenzaun

Tanne E

Aus dem Weg!

Lena
Tim
Evi
Frank

Schlitten
A

Hase A
Hase B

Tanne B

Nichts wie weg!

Hase A
Hase B
Fuchs

Tanne A
Tanne B

Rentier im Winterwald

Rentier

4 x Tanne A
1 x Tanne B

Ich hab' euch nicht vergessen!

Reh A
Reh B
Hase A
Hase B

Schlitten B

Himmel B

Weihnachts-
mann B

Besuch bei Familie Schneemann

Schneemann A
Schneemann B
Schneefrau
Schneekind

2 x Tanne A
1 x Tanne B

Eichhörnchen

Himmel B

Schneemänner unter sich

Schneemann
A und B
Schneefrau
Schneekind

Eichhörnchen

Nachts an der Futterkrippe

2 x Eichhörnchen
Hirsch
Reh A
Hase A
Hase B

2 x Tanne A
2 x Tanne B

Futterkrippe
Heubüschel

Himmel A

Ich geh' jetzt heim

Susi
Anja

2 x Tanne A
1 x Tanne B